U0159416

THE 24 SOLAR TERMS
FOR CHILDREN

给孩子的
二十四节气

爱华文 ◎ 著

团结出版社

风儿吹，天气凉，吹落树叶一张张，

好像电报一份份，催着燕子回南方。

好像小船一只只，送给蚂蚁运冬粮。

燕子、蚂蚁齐声唱：谢谢好心的秋姑娘。

吉祥还记得儿时奶奶教他的这首歌谣，不知道为什么今天忽然在耳边响起，于是查了下日历它，原来今天是二十四节气中的立秋啊！吉祥不知道远在农村老家的爷爷奶奶，是不是又要忙着收庄稼啦？

7

立
秋

二／十／四／节／气

立秋简介

二十四节气·秋

《立秋》·刘翰

乳鸦啼散玉屏空

一枕新凉一扇风

睡起秋声无觅处

满阶梧桐月明中

　　立秋，是农历二十四节气中的第十三个节气，也是秋天的第一个节气，一般在公历的8月7日或8日。此时，学生们还放着暑假呢，三伏天也没有过去，天气依然骄阳似火。甲骨文中的"秋"字，有点儿像蟋蟀，有秋虫鸣叫、禾谷成熟的意思。古人在春天耕种时，烧一下龟甲来占卜秋天的收成，到了秋收时节，收成是不是像烧龟甲占卜所预言的那样，就可以见分晓了。所以"秋"字由禾与火字组成，是禾谷成熟，验证灼龟预言的意思，而"立"是季节的开始。到了立秋，梧桐树开始落叶，因此有"落叶知秋"的成语。"立秋"了，并不是秋天的凉爽气候已经到来了，民间有一个"十八天地火"的说法，意思是立秋过后18天，就开始早晚比较凉快了。

3

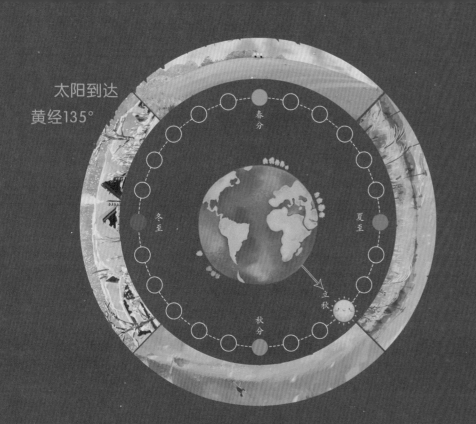

太阳到达
黄经135°

春分

夏至

立秋

秋分

冬至

　　立秋时，太阳从巨蟹座运行到狮子座，夜晚观天象时，能看到北斗星的斗柄指向西南方向，也就是天干"申"的方向，立秋这一天在农历的七月，七月也被称为"申月"。只是预示秋天将要开始，但天气还是很炎热，立秋不等于入秋，按气候学划分季节的标准，连续五天的日平均气温稳定降到22°以下，这五天的第一天就是秋季的开始。

　　由于我国地域广大，幅员辽阔，秋天来得最早的黑龙江和新疆北部地区，也要等到八月中旬才能入秋。北京在九月初开始秋风送爽，秦岭淮河的秋天从九月中旬开始，十月初，秋风才能吹至江南岸，而当秋的脚步到达海南岛三亚时，已经接近元旦了。立秋之后，至少还有一伏，正当三伏天的下半场，南方的大部分地区气候炎热，中午的气温依然非常高。有"秋后一伏，晒死老牛"的说法，所以把立秋后依然炎热的天气比喻成"秋老虎"。中医学把从立秋至秋分这段日子称为"长夏"，这个时候穿衣服，尽量遵循"春捂秋冻"的原则，不要穿太多。

立秋三候

一候 凉风至

初候，华北地区，刮风时人们会有一点儿轻凉的感觉，此时的风已略不同于暑天中的热风，偏北风的频率增多，北风吹来时，凉爽宜人。

二候 白露生

二候，天气渐凉后，早晨太阳未升起时，大地上会有雾气弥漫，草木上凝结了一颗颗晶莹的露珠。

三候 寒蝉鸣

三候，草木渐黄，凉意渐浓，秋风阵阵，寒蝉声声，动物已经感受到了秋天的阴寒之气。

　　立秋时，东北的广大地区，风吹麦浪，一片金黄，满是喜悦的丰收景象。而在全中国的田野上，简直就是一幅色彩斑斓的油画，红彤彤的高粱像一片燃烧的火海，在风中荡漾；金灿灿的谷子组成一片鲜艳的黄色海洋；而棉桃像一朵朵小白灯笼一般挂满了枝头，空气中弥漫着各种蔬菜水果成熟的清香。

　　立秋时候，中原地区的桃子纷纷熟了，沉甸甸地垂满了桃树枝，让人看着很有食欲。但桃子外面有一层细细的毛，有些人会因为桃毛沾到皮肤上而敏感发痒，所以买桃子时，不要用拿过桃的手再接触身上的皮肤，回来后，一定先把手和桃都洗干净，再吃桃。此时的田野中，盛开的向日葵非常扎眼，它们颜色亮丽，又圆又大的花盘，随着太阳东升西落，远远看去是金灿灿的一片。此时的向日葵只是鲜艳的花朵，而花心的果实还没有成熟，要到了深秋时候，人们才能吃到美味的葵瓜子。

　　随着立秋的到来，夏蝉渐渐难觅踪影，而秋蝉开始放声高歌。我们会发现，这个时候的蚊子比夏天时更加猖獗，秋蚊不但比夏天时叮人更狠，胃口还大，一晚上咬个不停，咬的包也比夏天蚊子咬的包要大些。

农事活动

"立秋庄稼熟，早凉午似蒸。农夫收割忙，棉桃似灯笼。"立秋对于庄稼的种植来说，是一个重要的界点，它是农家秋收的开始。"秋不凉，籽不黄。"各种春天或夏天播种的农作物纷纷进入了成熟期，田野里，到处是令人喜悦的丰收景象和辛勤收获庄稼的人们。"立秋荞麦白露花，立秋栽晚谷。"还有一些农作物像晚稻、绿豆、大白菜、大葱、芋头等，要在立秋后播散抢种，这是农民们最繁忙的时候。俗话说："立秋大忙，绣女下床"。到了立秋，田里的活儿一下子多了起来，在家里面做手工织布绣花的女子，也要到田里面帮忙了。

"立秋果，处暑桃，立秋时日吃早谷。"此时很多瓜果都成熟了，早谷也要收割了。立秋前后中国大部分地区气温仍然较高，各种农作物生长旺盛，中稻开花结实，单季晚稻圆秆，大豆结荚，玉米抽雄吐丝，棉花结铃，甘薯薯块迅速膨大。经过夏天的伏热后，对于立秋后的降雨量农民们是非常看重的，"立秋有雨，秋收有喜。"此时受旱会给农作物最终收成造成难以补救的损失。所以有"立秋三场雨，秕稻变成米""立秋雨淋淋，遍地是黄金"之说。"棉花立了秋，高矮一齐揪。"立秋也是棉花成熟吐絮前最关键的阶段，要打顶、整枝、去老叶、抹赘芽等。

7

民间习俗

立秋节

立秋节，也称七月节。周朝时，这一天天子亲率三公六卿诸侯大夫，到西郊迎秋，并举行祭祀少昊、蓐收的仪式（见《礼记·月令》）。汉代仍承此俗。到了唐代，每逢立秋日，祭祀五帝。《新唐书·礼乐志》说："立秋立冬祀五帝于四郊。"宋代，立秋之日，男女都戴楸叶，以应时序。有以石楠红叶剪刻花瓣簪插鬓边的风俗，也有以秋水吞食小赤豆七粒的风俗，明代继承宋代的风俗。清代在立秋节这天，悬秤称人，和立夏日所秤之数相比，以验夏中之肥瘦。民国以来，在广大农村中，在立秋这天的白天或夜晚，有预卜天气凉热之俗。还有以西瓜、四季豆尝新、奠祖的风俗。又有在立秋前一日，陈冰瓜，蒸茄脯，煎香薷饮等风俗。

贴秋膘

在我国，任何一个节气都少不了要吃点好的，立秋也不例外。人们在立秋时迎来一年中物质最丰富的季节，同时，秋风一吹，胃口大开，在立秋这天"贴秋膘"，是我国北方地区，尤其是华北地区盛行的风俗。古代人认为人要是太瘦了，在秋天来临时，用吃肉的方法，很容易把身体养胖。因为人到夏天，本就没有什么胃口，饭食清淡简单，两三个月下来，体重大都要减少一点。秋风一起，凉爽宜人，可吃的东西又很丰盛，立秋正是可以增加一点营养、补偿夏天损失之时，补的办法就是"贴秋膘"，吃各种美味佳肴，首选要吃炖肉、烤肉或红烧肉等肉菜。

晒秋

晒秋是一种典型的农俗现象，具有极强的地域特色，在湖南、江西、安徽等生活在山区的村民，由于地势复杂，村庄平地极少，只好利用房前屋后及自家窗台、屋顶架晒或挂晒农作物，久而久之就演变成一种传统农俗现象。这种村民晾晒农作物的特殊生活方式和场景，逐步成了画家、摄影家追逐创作的艺术素材，并塑造出诗意的"晒秋"之称。到现在，虽然全国不少地方的晒秋习俗慢慢淡化，但在江西婺源的篁岭古村，晒秋已经成了农家喜庆丰收的"盛典"。篁岭晒秋曾被文化部评为"最美中国符号"，因而演变成乡村旅游的"图腾"和文化名片，每年吸引数十万人去篁岭赏秋拍照。

咬秋

很多汉族地区立秋这天有吃瓜的民俗，叫做"咬秋"或"啃秋"，寓意炎炎夏日酷热难熬，时逢立秋，将其咬住。江苏等地在立秋这天吃西瓜来"咬秋"，据说可以不生秋痱子；在浙江等地，立秋日用西瓜和烧酒同食，民间认为可以防疟疾；城里人在立秋当日买个西瓜回家，全家围着啃，就是啃秋了。而农人的啃秋则豪放得多，他们在瓜棚里，在树荫下，三五成群，席地而坐，抱着红瓤西瓜啃，抱着绿瓤香瓜啃，抱着金黄的玉米棒子啃。咬秋正是在这个物质极大丰富的季节，表达一种丰收的喜悦。

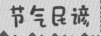

节气民谚

立秋晴一日，农夫不用力。

立秋后三场雨，夏布衣裳高搁起。

早立秋冷飕飕，晚立秋热死牛。

立秋无雨秋干热，立秋有雨秋落落。

立秋晴，一秋晴；立秋雨，一秋雨。

立秋摘花椒，白露打胡桃，
霜降摘柿子，立冬打软枣。

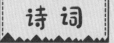

诗词

立秋

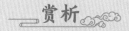

（南宋）刘翰

乳鸦啼散玉屏空，

一枕新凉一扇风。

睡起秋声无觅处，

满阶梧桐月明中。

赏析

诗人描绘了立秋的傍晚，小乌鸦在树上鸣叫，声音逐渐变小，从闹到静之中，似乎独立在那儿的玉色屏风显得有些空寂。昼夜温差变大，晚间秋风习习，让睡在床上的人感觉到了清新凉爽，就像有人在旁边用扇子扇着风一样。睡到半夜时，朦朦胧胧地听见似乎有秋风吹过的声音，但醒来走出去仔细去听，又好像听不到风声了，只看到梧桐树叶落满台阶，被映照在清朗的月光之中。看来是节气的征兆全都出现了，夜间的徐徐凉风，梧桐树一叶落而知天下秋。

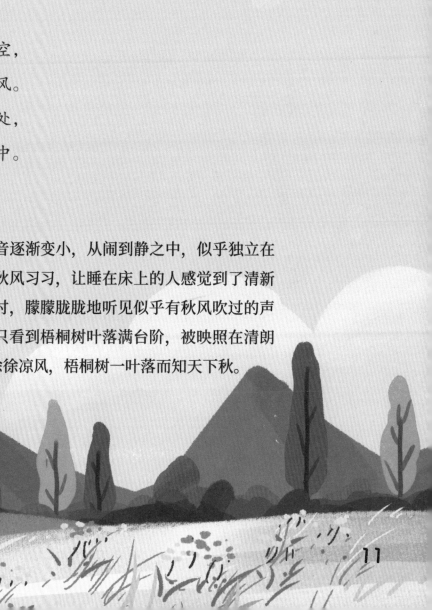

立秋前一日览镜

（唐）李益

万事销身外，生涯在镜中。

唯将两鬓雪，明日对秋风。

赏析

　　这是一首有点令人伤感的诗，诗人在立秋前一天，看着镜中的自己，感到世间的红尘万事都可以置之身外，而镜中才是真实的超脱于世外的那个人。从镜子里，诗人看到自己的头发都已经两鬓斑白了，似乎感到了岁月的无情。因为次日便是立秋，当秋风起时，估计会带着寒意，就像明天还要面对的世间纷扰，必定无法逃脱，一切冷暖自知。

吉祥经常在古装剧和小说里看到，在古代犯人被判死刑后，并不会立即处死，而要等到"秋后问斩"，他有点儿不明白，为什么秋天才能杀人呢？就跑去问爸爸。

　　爸爸说："因为从五行上来看，秋天的属性是金，金是杀伐之气。古人认为，春夏万物滋育生长，到了秋冬肃杀蛰藏，这是自然界的运行法则。古人相信人类也要顺应天时行事，才能不违背天意，所以古时有"秋决"的说法，是为了顺应天地的肃杀之气才行刑。选择在秋天后再问斩，这也体现了敬重自然的观念呀！"

　　吉祥点点头："哦，原来是这样啊，看来古人很看重人与自然的和谐一致啊？"

　　"当然。"爸爸笑了。

处暑

十／四／节／气

《长江二首》·苏洞

处暑无三日
新凉直万金
白头更世事
青草印禅心

　　处暑是秋天的第二个节气，时间是在8月23日前后，可为什么秋天的节气，还带着一个"暑"字呢？那是因为处暑不同于小暑、大暑的暑，每年8月下旬，三伏天已近尾声，《月令七十二候集解》说："处，止也，暑气至此而止矣。"处在这里是终止、躲藏的意思，是表示炎热的暑天将要到此为止了，它是代表气温由炎热向凉爽过渡的节气。处暑节气到来后，长江以北地区气温逐渐下降，进入气象意义上的秋天了。处暑是热天的结尾，是凉快天气的前哨，是夏日最后的私语，是炎炎暑热的终结。当一夏的炽热渐渐离去时，人们的心情也会随天气而变得沉静。

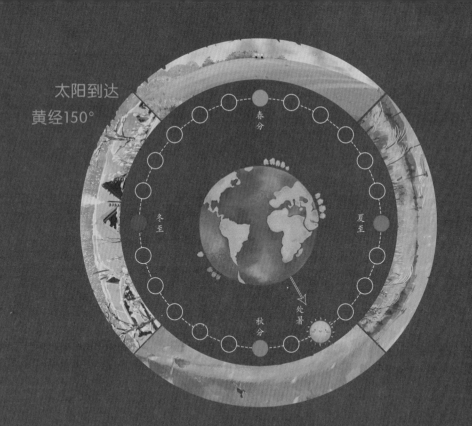

太阳到达
黄经150°

　　太阳在处暑时运行到了狮子座的轩辕十四星近旁，夜晚观察北斗七星时，弯弯的斗柄指向"申"，也就是西南方向。天气到了处暑是由热转凉的象征，但南北地区还是各有一番不同的风景。南方地区还有"处暑天还暑，好似秋老虎"的热天，秋老虎一般出现在公历八九月之交，是入秋之后，本来天气转凉，却又会短期回热的时候。这是炎热天气杀了一个回马枪，让刚刚体会到一点儿秋意的南方地区，重温炎热难耐的夏季高温。"大暑小暑不是暑，立秋处暑才是暑。"秋老虎施展它上蒸下煮的功夫，此时解暑降温的冷饮还在大街小店里面热卖。长江中下游地区往往在秋老虎天气结束后，才会迎来秋高气爽的小阳春气候，那要到十月以后了。但这时，北方已经是秋高气爽，蒙古的冷高压形成了下沉、干燥的冷空气，先是宣告了东北、华北、西北雨季的结束，率先进入了一年之中最干爽美好的天气。"处暑天不暑，炎热在中午。"到了处暑，中午的气温有时依然不亚于夏天，但早晚已经有一丝凉爽之意升起，昼夜温差开始明显。"七月八月看巧云"，连天上的云彩也显得布局别致，很有看头，不像夏天，要么浓云密布，要么片云不存。这正是迎秋赏景的好天气，举家出游的好时节。如果此时出现降雨天气，每每风雨过后，人们会感到比较明显的降温，所以有"一场秋雨一场寒"的说法。

处暑三候

一候 鹰乃祭鸟

一候时，老鹰感知秋天的萧瑟，开始冷酷地捕杀猎物，尤其是鸟类，在吃之前，它们会像祭祀那样先陈列着战利品，然后再吃。

二候 天地始肃

二候时，天地间万物开始出现成熟到凋零的趋势，大自然充满了肃杀之气，农民收割农作物，来获得半年多辛苦劳作的成果。

三候 禾乃登

三候时，庄稼都开始收割了。在这里，禾指的是黍、稷、稻、粱几类农作物的总称，登是成熟的意思。

　　"离离暑云散，袅袅凉风起。池上秋又来，荷花半成子。"夏末适逢花落时，水池中的莲花逐渐脱落了丰盈的花瓣，留下迎风傲立的莲蓬，但莲子却还没有完全成熟，散发出独特的风姿。此时也是龙眼上市的时候，它不但甘甜可口，还可以补气血，南方人喜欢把龙眼泡在粥里吃，粥里会散发着龙眼的香气，也多了一份清甜滋味。吃不完的龙眼还会被晾晒成干，叫做桂圆，方便保存和运输，在其它季节和非产地，也能用桂圆煮粥煲汤。

《吕氏春秋》中说："处暑时节，农乃登谷。"处暑很多流传下来的谚语都在说明庄稼人在这个节气忙碌收割的景象。"七月秋风凉，棉儿白，稻儿黄，处暑葡萄白露菜，不到秋分不种麦""立秋忙打甸，处暑动刀镰"等等，都洋溢着秋实丰登的喜悦。

农民从春耕以来的辛勤劳动，是否有大丰收，既要依靠天公作美，也要靠农夫的劳动付出，处暑时节正是决定一年的收成如何最关键的时候。"秋暑禾田连夜变"，白天黑夜都要抢时间收割，农田里一片繁忙的景象。

对于渔民来说，处暑过后，海域的水温高，也是鱼虾贝类发育成熟的季节，这是渔民们收获的黄金季节。码头上停满了满载而归的渔船，一箱箱新鲜捕捞的海鲜纷纷从船上卸到岸上，岸边有不少收购海货的商贩，忙着讨价还价，称重付款。有的海鲜为了运输和保存，还会用冰块速冻封装好。

20

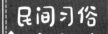

民间习俗

中元节祭祖

处暑节气前后的民俗多与祭祖迎秋有关。中元节是历史悠久的传统节日，阴历七月十五日，又称为盂兰盆会，是民间对祖先崇拜、奉亲、敬养、普度的节日。旧时民间从七月初一起，就有开鬼门的仪式，直到月底关鬼门止，都会举行普度布施活动。在福建闽南沿海地区，中元节是夏天最为隆重热闹的民俗节日。当地人将中元节称作"普度"，热闹程度不亚于春节。依照佛家说法，盂兰盆是用来救赎倒悬之苦的器物，佛教徒在中元节供奉佛祖和先人，救度六道众生，来报答父母生养慈爱之恩。

放河灯

中元节还有放河灯的习俗，河灯大多做成荷花的形状，也称"荷花灯"，一般是在底座上放蜡烛，在中元节夜晚放入江河湖海之中，任其随波而流。放河灯是为了普度水中的灵魂和其他游荡在外的孤魂野鬼。萧红在名著《呼兰河传》中有一段文字，很好地解释了这种习俗："七月十五是个鬼节；死了的冤魂怨鬼，不得托生，缠绵在地狱里非常苦，想托生，又找不着路。这一天若是有个死鬼托着一盏河灯，就得托生。"

节气民谚

处暑早的雨，谷仓里的米。

处暑三日稻有孕，寒露到来稻入囤。

处暑谷渐黄，大风要提防。

处暑高粱白露谷。

农令时节到处暑，早秋作物陆续熟。
晚秋作物要管好，水稻玉米和豆薯。

处暑十日忙割谷。

黍子返青增一石，谷子返青大减产。

处暑收黍，白露收谷。

处暑好晴天，家家摘新棉。

处暑花，捡到家；白露花，不归家；
白露花，温高霜晚才收花。

处暑移白菜，猛锄蹲苗晒。

处暑见红枣，秋分打净了。

22

处暑后风雨

（宋）仇远

疾风驱急雨，残暑扫除空。

因识炎凉态，都来顷刻中。

纸窗嫌有隙，纨扇笑无功。

儿读《秋声赋》，令人忆醉翁。

赏析

　　这是作者描绘处暑过后一场风雨的景致。一阵大风伴着犀利的骤雨，把酷暑的残余一扫而空。天气瞬间就变得凉爽起来，这之中似乎也让作者感受到了人间的世态炎凉，变化莫测。古代纸糊的窗户上因为有缝隙，感觉到风雨要吹进屋里似的，而扇子在这个时候就显得有点无用而多余了。孩子们很应景地读起了《秋声赋》，让作者怀念起醉翁欧阳修来了。

七月二十四日山中已寒二十九日处暑

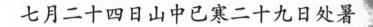

（宋）张嵲

尘世未徂暑，山中今授衣。

露蝉声渐咽，秋日景初微。

四海犹多垒，余生久息机。

漂流空老大，万事与心违。

赏析

　　这是作者在处暑之前几天，在山中天气已经转冷时写下的一首诗，表达了作者有些伤秋和忧心时局的心情。人间的处暑节气还没有到来，在山中的人却已经穿上了秋天的衣服。在清寒的露气中，秋蝉的叫声渐渐显得悲切如泣，而初秋的阳光却开始衰微。全国各地仍然有很多为了打仗而竖立起来的堡垒，说明此时战乱频繁，而作者因为年纪大了无力报国，自叹余生都没了生机。漂泊这么多年，空等白了头，世间万事还是不如作者心愿所想。

早晨吃完了晚饭，吉祥穿上短袖校服准备出门，听到妈妈喊自己的声音："吉祥，等会儿。"

妈妈拿着一件长袖的薄外套，要吉祥穿上，吉祥心里有些不愿意，想着："到中午，一定会把我热死的。"嘴上却说："妈，我不冷，不用穿这个。"

妈妈温柔地说："白露节气一到，早晚就刮凉风啦，套上一件吧，到中午的时候热了，再脱下来嘛！"

吉祥犹豫了一下，还是把衣服穿上了，出门走在去学校的路上，果然清风徐徐，看来，秋高气爽的好天气，真的来了啊！

白露

二 / 十 / 四 / 节 / 气

白露
简介

WHITE DEW ❋

㉓ 二十四节气·秋

《衰荷》·白居易

白露凋花花不残

凉风吹叶叶初乾

无人解爱萧条境

更绕衰丛一匝看

　　白露是二十四节气中的第十五个节气，也是秋季第三个节气，一般是在阳历的9月7或8日，正值暑假结束，学校刚刚开学不久。露水是由于温度降低，水汽在地面或草木上凝结而成的水珠。到了白露时节，阴气逐渐加重，清晨的露水随之日益加厚，凝结成一层白白的水滴，所以就称之为白露。

　　这时夏季风逐渐被冬季风所取代，大多吹偏北风，冷空气南下变得频繁，日照强度在减弱。这时我国大部分地区进入秋高气爽、云淡风轻的好天气，送走了高温酷暑，叫人感到格外欣喜。农夫们经过一个春夏的辛勤劳作，经历风风雨雨，迎来了气候宜人的收获季节。白露是一个表征天气已经转凉的节气，人们会明显地感觉到炎热的夏天要过去，而凉爽的秋天已经到来了，昼夜温差持续变大。

27

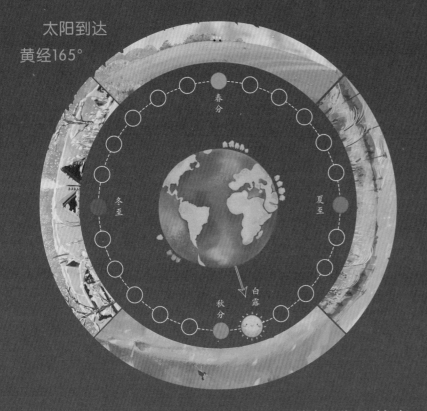

太阳到达
黄经165°

白露是由夏入秋的过渡，炎热的夏天已经过去，凉爽的秋天到来了，白天的温度虽然仍达三十几度，可是夜晚之后，就下降到二十几度，两者之间的温度差达十多度，这是一年中昼夜温差最大的时候。夏季风逐渐被冬季风取代，暖空气节节败退，冷空气转守为攻，成群结队地南下，人们用"白露秋风夜，一夜凉一夜，过了白露节，夜寒日里热"来形容气温下降加快的天气状况。北方地区降水明显减少，此时部分地区还有可能出现秋旱、森林火险、初霜等天气。长江中下游地区，如果冷暖空气势均力敌，或者冷空气与台风相遇，时常可能有暴雨。西南地区在冷暖空气的作用下，可能会有持续良久的细雨霏霏，这个阴雨连绵的天气，被起了一个好听的名字：华西秋雨。

华西秋雨一般出现在9到11月，特点是降雨时间长，并以绵绵细雨为主，雨量并不大。"雨声飕飕催早寒，胡雁翅湿高飞难。秋来未曾见白日，泥污后土何时干？"这是杜甫的《秋雨叹三首》的第三首之中的诗句，描写了华西秋雨的风貌，萧瑟的秋雨连绵，自古以来都能激发文人的灵感。而对于四川、云南、贵州等地的百姓来说，可能没有赏雨作诗的浪漫心情。在全国大部分地区都在享受秋高气爽的好天气时，西南地区的人们正在经历阴雨不断的煎熬，"天无三日晴"，形象地说明了华西秋雨的特点。这给人们的生活带来了诸多不便，如潮气湿重、衣物难干、食品发霉等，但它却给经历了夏旱的田地一次深入透彻的灌溉。

如果长江中下游地区的伏旱，华西地区、华南地区的夏旱，得不到秋雨的滋润，都可能形成夏秋连旱。有谚语形容："春旱不算旱，秋旱减一半，春旱盖仓房，秋旱断种粮。"北方地区如西北的陕西、山西、甘肃、华北等地，秋季降水本来就偏少，如果再出现严重秋旱，不仅影响秋季作物收成，还会延误秋播作物的播种和幼苗生长，影响来年收成。在山地林区，伴随秋旱而来的空气干燥、风力加大，对于森林防火是一个重大的考验，因此火险在秋季进入了高发期。

一候 鸿雁来

鸿和雁都是指雁，只不过鸿是指大一些的雁，因为鸿雁的家在北方，所以从北方飞到南方是临时的迁徙，心中依然北方是故乡。一候时，大雁们最先感知到天气变寒，纷纷都向南方温暖的地方飞去。

二候 玄鸟归

玄鸟是指燕子，玄是黑色的意思，因为燕子都是黑色的羽毛，所以叫做玄鸟。二候时，北方的燕子也感知到了天气变冷，开始成群结队地向南飞。

三候 群鸟养羞

羞是精美的食物。三候时，秋高气爽，玉露生凉，鸟儿们很敏锐地察觉到了季节的更替和天气的变化，所以尽快寻找度过冬天所需的食物。

29

中国的茶文化源远流长，最早可以追溯到汉代。立秋之后的茶叫秋茶，白露产的茶，有一种独特甘醇的清香，白露前的叫早秋茶，白露之后的叫晚秋茶。春茶是清明节前的茶，有清香，但不耐泡；夏茶是立夏之后的茶，因为阳光充足，茶中的花青素有点多，所以比较苦涩。白露茶既不像春茶那样鲜嫩不经泡，也不像夏茶那样干涩味苦，民间品茶有"春茶苦，夏茶涩，要好喝，秋白露"的说法。白露之后到九月底采的晚秋茶，品质比较好，立秋后日照时间长，到了白露早晚温差大，茶叶里面的芳香物质就养成了，口感和香味都很好。

白露节气跟鸟儿们有着密不可分的关系，古人非常喜欢用花木和鸟儿来表达自然界的天气变化。鸟儿们感知秋天肃杀之气的能力非常强，而白露前后，正是气温变化较大、日夜温差加大的时候。大雁和燕子们都有迁徙的习惯，白露节气一过，便先后启程，背井离乡，去温暖的南方躲避寒冷的冬夫。"八月雁门开，雁儿脚下带霜来。"大雁准备向南飞了，启程的日子都选在云淡风轻的好天气，好像给看到它们的人们传信，秋天来了，该收庄稼啦！而不迁徙的鸟儿们，也忙着加窝固巢，四处觅食，储存过冬的食物。

　　白露节气正处夏、秋转折关头，昼夜温差日益变大，在这个收获的季节，对于农耕是千钧一发的时刻。此时冷空气日趋活跃，常出现秋季低温天气，会影响晚稻抽穗扬花，因此要预防低温，采用灌水保温等方法，保护收成。白露之后的天气，非常有利于蔬菜的成长，茄果类、绿叶蔬菜等都是长势喜人的时候。经过一个春夏的辛勤劳作之后，北方的人们迎来了满园的瓜果飘香。

　　此时辽阔的东北平原开始大规模收获大豆、水稻和高粱等农作物，西北华北地区的玉米和红薯也到了成熟收割的时候。北方对气候最敏感的候鸟们声势浩大地向南飞，也在提醒着农夫们，准备迎接三秋大忙的季节，要备好过冬天冷的厚衣服啦！

　　白露前后正是西南地区冬作物耕栽的时候，持续的绵绵细雨阻挡了阳光，会影响农作物的生长，持续的时间越长，对农业的影响就越大。虽然秋雨给生产生活都带来了不便，但对于西部比较干旱的地区来说，也是蓄水存水的好时机，雨水能够深入地渗透到土壤里，保证冬小麦的生长，还能缓解次年春旱对农作物的威胁。

民间习俗

不露身

　　白露之后，凉爽的秋季真正来临了，大家可以明显感觉到早晚的温差变化。"处暑十八盆，白露勿露身。"在处暑的时候，每天可以用一盆水来冲澡，但到了白露就不能裸露上身了，因为早晚的寒气比较重，容易着凉。尽管有"春捂秋冻"的说法，但对于体质较弱的老人和孩子，应该注意早晚搭一件长袖衣服抵御渐凉的秋风，晚上也要逐渐把毛巾被换成棉被盖了。白露是典型的秋季气候，容易口唇干涩和皮肤干燥，可以多吃些柔润补水的食物。

白露米酒

　　每年白露节一到，在南方的部分地区，家家酿米酒，这种自制的粮食酒温中含热，清甜爽口，称为"白露米酒"。白露米酒中的精品是"程酒"，它是取自湖南程江水酿制而得此名。程酒在古代是一种上贡皇室的酒，盛名远扬，在《水经注》和《晋书》中都有记载。白露米酒的酿制除了取水和选定节气颇有讲究外，方法也相当独特，先分别酿制出白酒与糯米糟酒，再按1：3的比例，将白酒倒进糟酒里。而更讲究的程酒，还要掺入适量糁子加水熬制的水，然后入坛密封，埋到地下或者放进地窖，等上好几年乃至几十年才取出来饮用。埋藏几十年的程酒颜色是褐红的，入口清香扑鼻，还很有后劲。在长江中下游地区也有自酿白露米酒的习俗。旧时江浙一带乡下人家每年白露一到，家家酿酒，用来待客，后来有人把白露米酒带到城市，广泛流传。当地的"白露米酒"酒用糯米、高粱等五谷酿成，略带甜味，口感极佳。

白露播得早，就怕虫子咬。

喝了白露水，蚊子闭了嘴。

头白露割谷，过白露打枣。

白露割谷子，霜降摘柿子。

白露谷，寒露豆，花生收在秋分后。

白露田间和稀泥，红薯一天长一皮。

白露棉花好长相，全株上下一起忙，
下部吐白絮，上顶有花香，
全田后劲足，不衰又不狂。

棉怕白露连阴雨。

白露节，枣红截。白露枣儿两头红。

白露到秋分，家禽快打针。

白露节到，牛驴上套。

34

蒹葭

出自《诗经·国风·秦风》

蒹葭苍苍，白露为霜。所谓伊人，在水一方。

溯洄从之，道阻且长。溯游从之，宛在水中央。

蒹葭萋萋，白露未晞。所谓伊人，在水之湄。

溯洄从之，道阻且跻。溯游从之，宛在水中坻。

蒹葭采采，白露未已。所谓伊人，在水之涘。

溯洄从之，道阻且右。溯游从之，宛在水中沚。

赏析

　　这首诗大家可能都读过，它是《诗经》中广为流传的一篇，更被改编成一首名为《在水一方》的歌曲传唱。河边芦苇青苍苍，秋天白露结成霜。心中之人在何处？就在河水另一方。逆着流水去寻她，道路险阻又漫长。顺着水流去找她，仿佛还在水中央。这是一首描写在白露成霜的季节，一个人深深思慕意中人，却好像有重重阻碍，不能达成心愿的诗。

衰荷

（唐）白居易

白露凋花花不残，

凉风吹叶叶初乾。

无人解爱萧条境，

更绕衰丛一匝看。

赏析

　　这首是唐朝著名诗人白居易的作品，描写了白露时节，在岸边看到水中的荷花有些凋零却还没有完全残败。秋风起时，吹动的荷叶已经有点儿要干枯了。很少有人能看懂且欣赏将落未落的荷花营造的萧条景致，作者再绕着这片有点衰败的荷花丛走一圈观赏一翻。诗中虽然有秋天花叶盛时不再的描写，同时也表达了作者欣赏和玩味这种季节变化的美好体会。

吉祥抬头问爸爸："秋天是不是个伤感的季节？"

爸爸说："哦？你为什么有这种想法？"

吉祥低头想了片刻，说："前几天，我刚刚读到欧阳修的《秋声赋》，里面有几句话好像是：'盖夫秋之为状也，其色惨淡，烟霏云敛；其容清明，天高日晶；其气栗冽，砭人肌骨；其意萧条，山川寂寥。'让我感到了秋天的惨淡萧条呢。"

爸爸笑着说："哦，原来是这样。吉祥啊，古人常常借物借景来抒发自己的心情。欧阳修写《秋声赋》时，虽然身居高位，却面临很大的压力，所以借秋天来抒发内心的苦闷，这也是很好的情绪释放方法，比憋在心里好得多啊！"

吉祥觉得很有道理，轻轻点了点头，然后又问道："那有没有对秋天的描绘，一点儿都不伤感的呢？"

爸爸回答说："当然有啊，比如毛主席诗词里面的秋天，都很壮阔。《沁园春·长沙》一开头就是：'独立寒秋，湘江北去，橘子洲头。看万山红遍，层林尽染；漫江碧透，百舸争流。'还有一首《采桑子·重阳》把秋天看得比春天还要美好：'一年一度秋风劲，不似春光，胜似春光，寥廓江天万里霜。'"

吉祥脸上露出灿烂的笑容："哈哈，爸爸，这两首词写得好有气势啊！"

秋分简介

二十四节气·秋

《三用韵十首》·杨公远

河清疑有水

夜永喜无云

桂树婆娑影

天香满世间

　　秋分时间一般在每年公历9月22日到24日，秋分的"分"就是"半"，秋天共三个月，到这一天正好是秋天一半的位置，秋分又称"日夜分"，有昼夜平分的意思。"寒暑平和昼夜均，阴阳相半在秋分。金风送爽时时觉，丹桂飘香处处闻。"全球大部分地区，这一天全天的24小时是昼夜均分，即白天夜晚各12个小时。南方的气候由秋分起才开始入秋，北方一些地区在秋分时节已见初霜，所以有"秋分送霜，催衣添装"的说法。秋分的天，通透，明静，空气干爽。秋毫可以明察，秋水能够望穿，长空万里，浮云无迹，所以才有"短如春梦，薄如秋云"的说法。

　　秋分是秋意盎然的时候，一丝丝秋寒，带走夏的炎热，也迎来了大自然五彩斑斓的美景。秋分后的气候变化很快，像坐过山车一样，需要随时关注天气变化，增添衣服，此时人体抵抗力较弱，可以多运动，提升抵抗力。同时，秋天干燥少雨，很容易出现秋燥，可以吃一些温润的食物，成熟的秋梨是非常好的润肺美食，用冰糖和雪梨炖煮，对呼吸道是很好的天然保养。

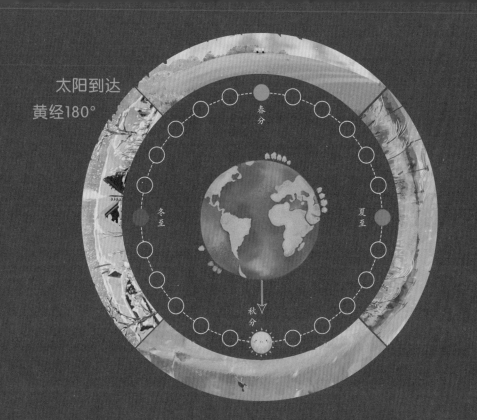

太阳到达
黄经180°

春分

冬至

夏至

秋分

天文气候

秋分是个重要的天象转折点，同春分一样，这天阳光直射地球赤道，昼夜相等，秋分之后，北半球各地白昼短于黑夜，南半球各地白昼长于黑夜。秋分后太阳直射的位置移至南半球，北半球得到的太阳辐射越来越少，而地面散失的热量却较多，气温降低的速度明显加快。秋分这一天，在北极点与南极点附近，可以观测到"太阳整日在地平线上转圈"的特殊现象，从秋分起，北极附近极夜范围逐渐变大，南极附近极昼范围逐渐变大。

秋分已经是进入了秋天之后的天气，我国长江流域及其以北的广大地区，均先后进入了秋季，日平均气温都降到了22℃以下。此时的南方秋凉来得还很温柔，南下的冷空气与逐渐衰减的暖湿空气相遇，"一场秋雨一场寒"，产生一次次的降水，气温也一次次地下降。北方秋凉之意日渐浓烈，冷气团开始具有一定的势力，但秋高气爽也正是此时。在西北高原的北部，日最低气温降到了零度以下，有的地方可见到漫天飞絮、银装素裹的壮丽雪景。秋分之后的日降水量不会很大，凉风习习，碧空万里，丹桂飘香，蟹肥菊黄，这是美好宜人的时节，也是农业生产上重要的节气。

40

秋分三候

一候 雷始收声

古人认为雷是因为阳气盛而发声，秋分后阴气开始旺盛，所以不再打雷了。春分时候是雷开始发声，而秋分时节是雷开始收声，历时半年的雷雨季节，到此为止了。

二候 蛰虫坯户

蛰虫是指藏在泥土中冬眠的虫子，它们在秋分过后，秋寒还没有真正到来前，就封住了巢穴，开始躲在洞里不出来了。

三候 水始涸

秋风送爽，白云寥寥的时节，很多地区降水量锐减，因此小河和池塘陆续开始干涸。

秋天是桂花盛开的时候，南方丰茂的桂树在处暑时节开出了密密麻麻的小白花瓣，还带着一股淡淡的甜香，花儿悄悄地在绿叶间探出头来。正值丹桂飘香之时，在苏州，桂树逢秋分时节开花，当地也有赏桂花、品桂花酒的习俗。《清嘉录·木樨蒸》中写道："俗呼岩桂为木樨，有早、晚二种，在秋分开者为早桂，寒露节开者为晚桂。"早桂是在秋分时节开的，所以桂花是秋分的一道靓丽风景。遥想在秋分时节，赏月之时，闻到扑鼻的桂花香，真是惬意得很。人们在秋分的食品中，都尽可能地掺进了桂花，桂树还有高大美好的含义，所以人们用摘得"桂冠"，表示获得了第一名，用"折桂"比喻夺冠登科。

农历八月的风，也被称为"裂叶风"，秋风吹到树叶上，会伤裂了叶片，让其枯萎脱落，所以得名，也称"猎叶之风"。凡秋风扫荡过的地方，落木萧萧，这种撼动万物、吹枯拉朽的能力，没有什么比风更强悍的了。

秋分时节，人们还容易受一种情绪的困扰，那就是悲秋。"自古逢秋悲寂寥"，秋天万物枯黄，树叶飘落，很容易就会伤感起来。秋字下面加个心，便是愁字，秋风秋雨落叶，容易让人产生愁苦情绪。秋高气爽，多穿艳丽色彩的衣服，多晒太阳，在晴朗的天气里，多去户外，与丰富多彩的大自然在一起，心情自然舒畅。

农事活动

　　秋分时，正是秋收、秋耕、秋种的三秋大忙之时，俗话说："白露快割地，秋分无生田。"说的就是秋分的繁忙农事。收成多寡，年景好坏，在秋分时已经有了定论，没有多少悬念了。在华北平原从北向南，有"白露早，寒露迟，秋分种麦正当时"和"秋分早，霜降迟，寒露种麦正当时"两种完全不同的农谚，可见纬度差异影响了不同的播种冬麦的时间。而"秋分天气白云来，处处好歌好稻栽"，则反映出长江流域及南部广大地区正忙着播种水稻的时间，虽然作物种类不同，但繁忙的耕种景象是一样的。秋分时节，农夫们还是盼望有雨水，如谚语说："秋分不宜晴，微雨好年景。"又说："秋分有雨来年丰。"麦秀风摇，稻秀雨浇，农历八月的雨，也称为豆花雨，花事稀落，而豆花独开。

　　秋季降温快的特点，使得"三秋"大忙显得格外紧张，经过春播夏锄，有的已经收获，有的正准备收获。秋分棉花吐絮，烟叶也由绿变黄，紫红的葡萄还挂在架上，金黄的玉米已经挂满了房前屋后，成熟的南瓜煮成的南瓜粥，飘出阵阵香气。各种秋果也开始收获，苹果、桔子、梨，个个充盈饱满，秋分是名符其实的收获季节，满仓粮食，满车的果蔬，农民忙着收摘后发往城市里售卖。

祭月节

秋分曾是传统的祭月节，春分祭日，秋分祭月，但因为秋分对应的农历未必是十五或十六，祭月时无月是有些煞风景，为了在月亮圆满时祭拜，逐渐转变到了农历八月十五日祭月。古代祭月要搭建月坛，北京的月坛就是在明朝嘉靖年间为皇家祭月而修建的。如今的月坛公园，到了中秋还是会有不少人来祭月赏月，园中的揽月亭、邀月亭、夕月亭都是为了赏月而修建的。在咏月碑廊中，写着一首首与月亮相关的诗词，细细读来，也能体会到皇家祭月时的恭敬之情。在民间秋分或中秋之夜，人们在院子里月光最好的地方，供上香案，案上摆着瓜果和祭品，对月跪拜，祭月神。

送秋牛

秋分这天，还有些地方出现挨家挨户送秋牛图的，在二开的红纸或黄纸上印着全年农历节气和农夫耕田的图样，叫做"秋牛图"。送图的人又被称为"秋官"，都是一些民间能言会唱的人，送到人家时，会说些秋耕丰收的吉祥话，还会结合各家的不同情况，即景生情，即兴创作，唱词随口而出，句句押韵生动，说得主人开心不已而给钱为止，俗称"说秋"。

吃秋菜

在岭南地区，有秋分吃秋菜的习俗。秋菜是一种野苋菜，乡人称为"秋碧蒿"。秋分这天，大家都到田野里采秋菜，在地头上大多是嫩绿的，细细一棵，只有巴掌大，烹调时，常用它和鱼片滚汤，叫做秋汤。有谚语说："秋汤灌脏，洗涤肝肠，阖家老少，平安健康。"其实无论哪个季节，人们祈求的都是和平安宁，家人健康。

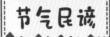

勿过急，勿过迟，秋分种麦正适宜。

秋分秋分，昼夜平分。

秋分收花生，晚了落果叶落空。

秋分种，立冬盖，来年清明吃菠菜。

秋分种小葱，盖肥在立冬。

秋分牲口忙，运耕耙耢耩。

秋分稻见黄，大风要提防。

秋分到寒露，种麦不延误。

白露秋分菜，秋分寒露麦。

秋分只怕雷电闪，多来米价贵如何。

秋分半晴又半阴，
来年米价不相因（米不贵的意思）

秋分后顿凄冷有感

（南宋）陆游

今年秋气早，木落不待黄，蟋蟀当在宇，遽已近我床。

况我老当逝，且复小彷徉。岂无一樽酒，亦有书在傍。

饮酒读古书，慨然想黄唐。耄矣狂未除，谁能药膏肓。

赏析

　　这是一首写在秋分刚过时的诗，既有些悲情，又有些"老夫聊发少年狂"的激情澎湃。先描写了自然现象：今年的秋天来得早，因为天气冷得快，树叶还没有黄就纷纷落下了。蟋蟀本来应该还在室外的屋檐下，因为怕冷一下子就躲在了我的床边。接着抒发自己的人生感悟：年华易逝我也正在垂暮之年，心中难免彷徨，端起一杯酒，再打开身边的一本书，一边饮酒一边读古人的书，想到黄帝尧帝的盛世不免感慨万千。虽然这把年纪依然有少年的轻狂性情，而且已经狂到膏肓，无药可救了呢。最后两句真能感受到诗人老小孩儿般的可爱性情。

点绛唇

（宋）谢逸

金气秋分，风清露冷秋期半。

凉蟾光满，桂子飘香远。

素练宽衣，仙仗明飞观。

霓裳乱，银桥人散，吹彻昭华管。

赏析

这首词全然在描写秋分的景象和感触，金秋来到了秋分时节，秋风清冷，露水凝霜，秋天已经过半了。一轮满月晒下一片光亮，桂花的香味飘散到远处。遥想天上的仙宫宴会，素衣霓裳的仙女们翩翩起舞，仪仗飘飘，人影交错，彻夜用昭华管吹奏着动听的音乐。

这一天，吉祥看到日历上写着重阳节，学校下午要组织同学们去敬老院看望孤寡老人。

吉祥问爸爸："爸爸，重阳节为什么又是敬老节呢？"

爸爸放下手上的书，认真地对吉祥说："重阳节是在农历的九月初九，两个九在一起，跟'久久'读音相同，也就是长久、长寿的意思，而且重阳节都在秋天，这也是个收获的季节。所以，就把九九重阳节里健康长寿的美好寓意，用来祝福老人啦！"

吉祥点点头："哦，原来是这样，那是从什么时候把重阳节定为敬老节呢？"

爸爸回答说："重阳节是中国的一个传统节日，但把它同时定为敬老节是从1989年开始的，还没有多长时间，意在倡导全社会树立尊老、敬老、爱老、助老的好风气。"

"爸爸，今天下午学校组织我们去敬老院，可能要晚点放学哈。"说着，吉祥背上书包，高高兴兴地出门了。

寒露

二／十／四／节／气

寒露简介

COLD DEW ❄

二十四节气·秋

《池上》·白居易

袅袅凉风动
凄凄寒露零
兰衰花始白
荷破叶犹青

　　寒露是二十四节气中的第十七个节气，也是从春天以来第一个出现"寒"字的节气，在每年阳历的10月8日或9日。古代把露作为天气转凉变冷的象征，如果说白露是炎热向凉爽的过度，暑气尚不曾完全消尽，早晨露珠发白闪光，那么寒露就是天气转冷的象征，标志着天气由凉爽向寒冷过度，露珠寒光四射。"寒露寒露，遍地冷露。"在北方，寒露的露水基本都凝结成霜，有霜自然寒冷，露水冰凉，"寒露"由此得名。

　　此时我国北方已经是深秋景象，日丽风清，偶见早霜。南方地区也秋意正浓，蝉噤荷残。俗话说："寒露脚不露。"这个时候就不能再穿凉鞋露出脚趾了，而要注重保暖，穿好袜子，以防寒气着凉，尤其要注意脚部的保暖，俗话说：寒从脚起。寒露天气是秋天中的秋天。"虽惭老圃秋容淡，且看黄花晚节香。"在这略带清冽的日子里，不妨观赏这秀丽的秋景晚节吧。

51

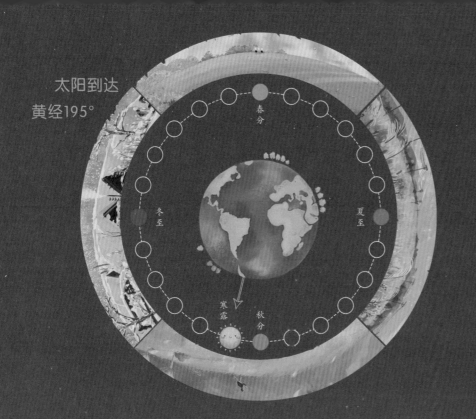

太阳到达
黄经195°

春分

冬至 夏至

寒露 秋分

天文气候

夜晚仰望星空时，你会发现星空换季，代表盛夏的"大火星"，也就是天蝎座的心宿二星已经西沉。送走美好的九月，来到金秋的十月，从立秋、处暑、白露、秋分一路走来，到了寒露时节，秋高气爽，白云红叶，星月交辉。南方的人们在享受凉爽的天气，我国南方大部分地区平均气温多不到20℃，即使在长江沿岸地区，气温也很难升到30℃以上，而最低气温却可能降至10℃以下。北方地区，已经在领略深秋时节的斑斓和清寒，东北和西北高原除了少数河谷低地以外，平均气温普遍低于10℃，用气候学划分四季的标准衡量，已进入或即将进入冬季。华北大部分年份这时已可见初霜，除全年飞雪的青藏高原外，东北北部和新疆北部地区一般已开始降雪。

从字面意思来解释，寒是寒冷，露是近地面的水气会凝结成露水的现象，寒露所表示的热量变化意义比水分变化更为明显。寒露到霜降虽然只有短短的15天，但却是一年中，气温降得比较快的时间，如果一股冷空气来袭，一天下降8-10度也是常见的。这个时节是许多地区气候变化的转折点，"吃了寒露饭，单衣汉少见"，此时正是十一长假刚过，夏天的短袖和短裙可以在长假期间洗净收好。寒露后，昼夜温差较大，特别是入夜后，更是寒气袭人。

寒露三候

一候 鸿雁来宾

一候时，鸿雁排成一字或人字形的队列大举南迁，成为天空中一抹靓丽的风景。先到的是主人，后来的是宾客，"来宾"在这里指较晚迁徙的一批鸿雁。

二候 雀入大水为蛤

二候时，深秋天凉，雀鸟们都躲藏不见了，古人看到海边突然出现很多蛤蜊，并且贝壳的条纹和颜色与雀鸟很相像，就以为是雀鸟变成了蛤蜊。

三候 菊有黄华

三候时，其他花草都在阳气足时盛开，而只有菊花在阴气重的深秋开放，菊花大部分是黄色的，所以称为"黄华"。

　　"寒露出霜冻，唯有菊正浓。秋果收回家，植树莫放松。"寒露时候，正是秋菊绽放的时候。东晋伟大的田园诗人陶渊明一生酷爱菊花，以菊为友，曾写下"采菊东篱下，悠然见南山"的名句。正因为菊花在寒冷萧瑟的季节开放，人们用菊花比喻超凡脱俗的隐者风范，菊花从此便有了隐士的拟人化象征意义。菊花在民间还被封为"九月花神"，农历九月被称为"菊月"。每逢秋季，在菊花傲霜怒放的节日里，人们喜欢聚在一起赏菊。

　　寒露时节最惬意的事情之一，就是品尝美味应季的螃蟹了。"秋风起，蟹脚痒。菊花开，闻蟹来。"民间俗话说："九雌十雄"，意思是说，农历九月时，雌蟹的蟹黄最为饱满，味道甘甜，比雄蟹更美味。因为蟹是寒凉的，所以吃的时候，大多会与姜和黄酒这些温性的食材搭配。

寒露时天气对秋收十分有利，"寒露时节天渐寒，农夫天天不停闲"。露水先白而后寒，寒露时，天气的凉意转为深秋的阵阵寒意，露水触手冰凉，此时桂花飘香，五谷丰登。

北方正值玉米丰收、种植冬小麦的农忙时节，寒露后天气凉爽，有利于秋季蔬菜生长，是冬春棚菜地培育和育苗有利时期。"小麦播种尚红火，晚稻收割抢时间。"北方农民正忙于播种小麦、采摘棉花等农忙的收尾工作。寒露种麦都是全家人齐战斗，为小麦争取足够的生长期，保证来年有个好收成。华北10月份降水量一般只有9月降水量的一半或更少，西北地区则只有几毫米到20多毫米。干旱少雨常常给冬小麦的适时播种带来困难，成为限制了旱地小麦争取高产的主要原因。

南方寒露前后，正值晚稻抽穗扬花的时候，若此时冷空气南下，使气温急剧下降，并且一连几天日平均气温在22度以下，就会造成晚稻空壳、瘪粒，导致减产。这种冷空气形成的大风降温天气，就成为了一种气象灾害，被称为"寒露风"。寒露节气是秋收、秋种、秋管的重要时节，许多农事活动正在加紧进行。

民间习俗

重阳节

《易经》中把九定为阳数，九月初九因此称为"重阳"或"重九"。重阳节最早形成于战国时期，在唐代被定为重要节日，到今天依然遵循传统。由于重阳节在寒露节气前后，此时的宜人气候非常适合登山，渐渐地，重阳节登高的习俗也成了寒露节的习俗。经了霜的枫、栌、桦、乌桕等树木，瞬间红遍枝头，风中摇曳的叶片，繁似二月红花，如此壮丽美景，怎能辜负？在北京登高习俗更为流行，景山、八大处、香山都是登山的好去处，其中最富盛名的还是香山红叶。香山公园地势峻峭，峰峦叠翠，光是古树和有名的植物，就达到5800多株，一般从十月中旬开始，就有游客络绎不绝地到香山登高。每逢霜秋的红叶如火如荼，万叶飘丹，重阳时节站在香山登高远望，能看到四周红、黄、绿色的树叶层层叠叠，色彩丰富，绚丽多姿。北京的红叶在十月下旬渐入盛期，到十一月初开始凋零。

古人在重阳节还有插茱萸的习俗。王维那首著名的诗《九月九日忆山东兄弟》家喻户晓千古传唱，每逢重阳佳节，漂泊在外的游子都会不禁地吟诵："独在异乡为异客，每逢佳节倍思亲。遥知兄弟登高处，遍插茱萸少一人。"在唐代时，重阳节就有登高、插茱萸的习俗，据说插上茱萸去登高，可以求消灾免祸，遇难呈祥。宋、元朝以后，人们对重阳节的关注点，从避邪驱灾转向延年益寿，作为延寿象征的菊花，渐渐取代了茱萸的位置。

节气民谚

寒露时节人人忙，种麦、摘花、打豆场。

寒露到霜降，种麦莫慌张；
霜降到立冬，种麦莫放松。

寒露前后看早麦。

小麦点在寒露口，点一碗，收三斗。

寒露收豆，花生收在秋分后。

寒露到，割晚稻；霜降到，割糯稻。

寒露不摘烟，霜打甭怨天。

寒露不刨葱，必定心里空。

寒露收山楂，霜降刨地瓜。

寒露柿红皮，摘下去赶集。

寒露畜不闲，昼夜加班赶，
抓紧种小麦，再晚大减产。

月夜梧桐叶上见寒露

（唐）戴察

萧疏桐叶上，月白露初团。滴沥清光满，荧煌素彩寒。

风摇愁玉坠，枝动惜珠干。气冷疑秋晚，声微觉夜阑。

凝空流欲遍，润物净宜看。莫厌窥临倦，将晞聚更难。

赏析

诗人在深秋的夜晚看梧桐树叶上的寒露，他从萧瑟稀疏的梧桐树叶上，借着刚刚升起的月光看去，白露泛出光芒，闪亮的光线装扮着朴素的寒夜。秋风摇动树叶，露水像摇摇欲坠的白玉一般，树枝摆动让人担心露珠要干了。这寒冷的天气感到已经是深秋，细小的声音是因为已经深夜。月光倾泻下来，很容易照见湿润的露水。不要厌烦了现在看到的景色，等到天快亮时，更难再看到寒露呢。

池上

（唐）白居易

袅袅凉风动，凄凄寒露零。

兰衰花始白，荷破叶犹青。

独立栖沙鹤，双飞照水萤。

若为寥落境，仍值酒初醒。

赏析

　　这是唐朝著名诗人白居易在寒露时节写的一首诗，先描写了深秋时节凉风吹送、草木凋零的凄美场景，兰花残败，荷叶枯破，沙鹤孤独地站在水中。而诗人自己在秋天的寥落景致中饮酒作诗。

吉祥今天一直在思考一个问题，百思不得其解，于是问："爸爸，我听过一句话叫'沙场秋点兵'，为什么要在秋天点兵呢？"

　　爸爸沉思片刻，说道："你真是个爱思考的孩子。秋天是一年中收获的季节，过了秋天，农民们就不用在田里面劳动，可以进入冬闲的休养阶段，是一年中最安逸的时候。于是，古时候的皇帝会下令武将们从秋季开始招兵买马，因为一过秋收，农民就不需要种庄稼了，这时正是为国效力，适合练兵的好时机。"

　　"原来秋点兵是为了不要影响农业生产啊！古人想得挺周到。"吉祥说。

霜降

二／十／四／节／气

霜降简介

FIRST FROST ❄

二十四节气·秋

《赋得九月尽》·元稹

霜降三旬后

蓂馀一叶秋

玄阴迎落日

凉魄尽残钩

霜降是二十四节气中的第十八个节气，在每年公历10月23日左右，霜降含有天气渐冷、初霜出现的意思，是秋季的最后一个节气，也意味着冬天即将开始。茂盛的芦苇，随风摇摆，晶莹的露珠，化作白霜，只有在霜降时节，露才会凝结为霜，黄河流域一带出现初霜。虽然叫霜降，而且人们常说："下霜了"，但从汉代开始，人们就知道霜不是从天而降的，而是从地上生发起来的，遇雾而凝结成霜。秋风萧瑟天气凉，草木摇落露为霜，天高风冷，好一派凄情弥漫。

到了霜降，秋天即将画上句号，秋气凛冽，秋意萧条，秋时已暮，草木飘零，鸟虫潜藏。但"玛瑙霜天净，芳条结翠寒"，秋之暮节，霜重色愈浓，对于诗人和画家来说，反倒是秋季最多彩的时候，白居易的诗《卢侍御与崔评事为予于黄鹤楼置宴，宴罢同望》中写道："白花浪溅头陀寺，红叶林笼鹦鹉洲。"枫林如火之时，正是白云深处的好景致。自古人们就相信，登高可以疏通筋骨，开阔心胸，缓解秋天的颓然之气。霜降时节爬山登高，既可以领略大自然的美妙风景，还有益于身心健康，这是古人传下来的宝贵经验。

63

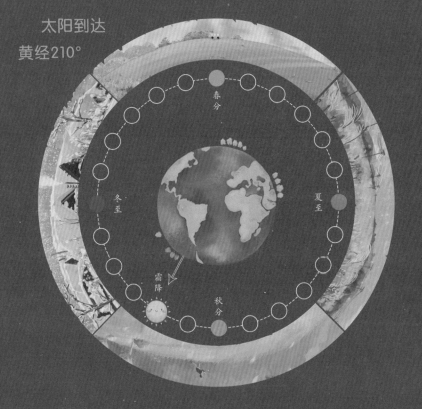

太阳到达
黄经210°

春分

冬至

夏至

霜降

秋分

气象学上，一般把秋季出现的第一次霜叫做"早霜"或"初霜"，而把春季出现的最后一次霜称为"晚霜"或"终霜"。从终霜到初霜的间隔时期，叫做无霜期。由于冻才有霜，所以把秋霜和春霜又统称霜冻。青藏高原上的一些地方即使在夏季也有霜雪，每年的霜期都在200天以上，是我国霜日最多的地方。相反，西双版纳、海南、台湾南部和南海诸岛则是没有霜降的地方。秋天的早霜也叫"菊花霜"，因为此时菊花盛开。

霜以杀木，露以润草。霜降能见到霜花，而立冬就要见到冰碴儿了。霜降到立冬往往是一年中气温下降速度最快的时间段，"霜降始霜"反映的是黄河流域的气候特征。当夜晚温度骤然降到零度以下，靠地面不多的水汽就会凝结在溪边、桥下、树叶和泥土之上，形成细微的六角形的霜花。此时，南方地区平均气温多在16度左右，离结初霜还得有三个节气，在华南南部河谷地带，则要到隆冬时节，才能见到早霜。东北北部、内蒙东部和西北大部平均气温已在0℃以下。由于海拔高度和地形不同，贴地层空气的温度和湿度有差异，初霜期和霜日数也就不一样了。

霜，只能在晴天形成，寒霜出现在秋天晴朗的月夜，秋天晚上没什么云彩。正如谚语所说："一朝有霜晴不久，三朝有霜天晴久。"一天早晨有霜，天气晴的时间不长，三天早晨有霜，维持的晴天时间会比较长。当冷空气势力较弱，温度不是很低的时候，只能形成一日的霜，而冷空气实力不强，当这股弱高压移走之后，本地转为受低压控制，天气就会转阴。如果连续几个晚上都有霜出现，说明冷高压空气的实力较强，冷空气比较稳定，不易变化，晴天就能维持较长时间。

虽然有"春捂秋冻"之说，但那主要针对秋天刚开始时，衣服不要捂得太严，而深秋时的秋冬之交，就要小心秋冻天气了。此时，人体阳气渐渐内收，自然界生物闭藏潜伏，天寒地冻，如果有强冷空气来袭，还是要及时添加衣服，以免身体不能抵御这些迅猛的降温变化，可以通过适量的运动提升自己的抗寒能力。

一候 豺乃祭兽

一候时，豺狼开始捕获猎物并陈列，像是祭祀一样。祭只是人们的一种臆断，肉食动物们将自己抓到的猎物摆放好，展示一下，人们就给它赋予了感恩上苍馈赠的祭礼的仪式感。

二候 草木黄落

二候时，大地上的树叶开始逐渐变得枯黄，然后从树上掉落下来，落叶满地。

三候 蜇虫咸俯

三候时，蜇虫也蜷在洞中不动不食，垂下头来开始进入冬眠的状态中。

65

霜降时，天气开始阴沉多雾，厚云浓郁四塞，萧索的秋风对于大自然的花草来说，是摧残，更是磨练。"兰芝以芳，未尝见霜。"有很多草木因为不耐寒，而无缘与结霜的天气相遇，早早就黄熟，然后匆匆枯萎了。然而菊花独在深秋傲然怒放，被古人视为意志顽强的花，还给它赋予了"不为五斗米折腰""不与百花争艳"的气节，也让它成为诗人墨客们赞咏的对象。正如苏轼的诗中所云："千树扫作一番黄，只有芙蓉独自芳。"唐朝的元稹也曾赞菊道："不是花中偏爱菊，此花开尽更无花"。菊花酒在古人看来是要在重阳时节喝的一种祛灾祈福的吉祥酒，霜降与重阳不远，人们也有在这个节气赏菊品酒的习惯。

到了霜降，柿子褪去了青涩，变成鲜艳的橙红色，带着甜美的口感，等待人们来品尝。"秋分柿子如瓜皮，霜降柿子软如泥。"在秋分的时候，柿子还是青的，像瓜皮一样硬，而到了霜降，柿子已经成熟了，柿实累累，犹如灯笼满枝，悬霜照采，凌冬挺润。柿子被南梁简文帝称为"甘清玉露，味重金液"，但它需要和其它果实放在一起熏染，才能除涩味。汉代的金币和柿饼形状很像，被称作"柿子金"，是交易的货币，也是用柿子的"柿"来谐音市场的"市"。霜降吃柿子不但御寒保暖，还能补筋骨，在福建泉州民间就有吃柿子的习俗。"霜降吃丁柿，一冬不流涕。"有些地方对于这个习俗的解释是：霜降这天吃了柿子，脸色就会如同柿子一般红润。不然整个冬天嘴唇都会开裂。在霜降时，人们把柿子采集下来，吃不了的，就做成了柿饼，一个冬天都可以吃。

　　夏收要紧，秋收要稳。秋天是收割最重要的时候，错过了时令，收成会大打折扣，尤其到了抢秋的霜降时节。此时北方大部分地区已经进入秋收扫尾的阶段，连最耐寒的葱，都不再长了。"霜降不起葱，越长越要空。"葱再长，心里也会是空的了。华北地区大白菜即将收获，这在没有大棚的时代，是冬天最重要的蔬菜了。在美丽的南国，气温下降明显滞后于中原地区，却是"三秋"大忙季节，单季杂交稻、晚稻正在收割，种早茬麦，栽早茬油菜，摘棉花，拔除棉秸，耕翻整地。

　　收获以后的庄稼地，都要及时把秸秆、根茬收回来，"满地秸秆拔个尽，来年少生虫和病"，因为那里潜藏着许多越冬虫卵和病菌。霜降时节，我国大部分地区进入了干旱季，要高度重视护林防火工作。

　　"霜降杀百草"，严霜打过的植物，就没有什么生机了，"风刀霜剑严相逼"说明霜是无情的残酷的。这是由于植株体内的液体，因霜冻结成冰晶，蛋白质沉淀，细胞内的水分外渗，使原生质严重脱水而变质。其实，霜和霜冻虽形影相连，但危害庄稼的是"冻"不是"霜"。霜不但危害不了庄稼，相反，水汽凝华时，还可放出大量热来，1克零度的水蒸汽凝华成水，释放出667卡的气化热，它会使重霜变轻霜，轻霜变露水，让植物免除冻害。

民间习俗

无霜说政事

《淮南子》里面提到古人有一种观点认为，如果在农历九月，寒降没有正常地降下来，有可能是在阳春三月时，国家决策中发生了失当的事，引起气候异常。此时会把之前的重要政策决定拿出来复议一下，追溯无霜的原因。尽管这种做法有些主观，但也反映了人们希望霜应当应时而降的心理。

霜降赏菊

古人有"霜打菊花开"之说，所以，在霜降的时候登高山，赏菊花就成了这一节令的雅事。南朝梁代吴均《续齐谐记》云："霜降之时，唯此草盛茂。"菊花被古人视为"候时之草"，象征着顽强的生命力。霜降时节正是秋菊盛开的时候，我国很多地方在这时要举行菊花会，赏菊饮酒，以示对菊花的崇敬和爱戴。

秋雨透地，降霜来迟。

一年补透透，不如补霜降。

一夜孤霜，来年有荒；
多夜霜足，来年丰收。

霜降降霜始（早霜），
来年谷雨止（晚霜）。

霜降前降霜，挑米如挑糠；
霜降后降霜，稻谷打满仓。

寒露早，立冬迟，霜降收薯正适宜。

时间到霜降，白菜畦里快搂上。

寒露种菜，霜降种麦。

霜降拔葱，不拔就空。

霜降萝卜，立冬白菜，
小雪蔬菜都要回来。

霜降不摘柿，硬柿变软柿。

霜降配羊清明羔，天气暖和有青草。

霜降来临温度降，罗非鱼种要捕光，
温泉温室来越冬，明年鱼种有保障。

70

赋得九月尽(秋字)

（唐）元稹

霜降三旬后，蓂馀一叶秋。

玄阴迎落日，凉魄尽残钩。

半夜灰移琯，明朝帝御裘。

潘安过今夕，休咏赋中愁。

赏析

　　这是唐朝诗人元稹的一首诗，讲到霜降过了三十天之后，草木的状态表明秋天只剩余几天了。这样的残秋场景加上夕阳落日，让诗人感到失魂落魄，煞是凄凉。再联想到自己在朝堂上的种种不顺遂，却又无人讲无处说，感慨万千。

泊舟盱眙

（唐）韦建

泊舟淮水次，霜降夕流清。

夜久潮侵岸，天寒月近城。

平沙依雁宿，候馆听鸡鸣。

乡国云霄外，谁堪羁旅情。

72

赏析

　　这首诗描写了诗人把自己乘坐的小船停在淮水岸边，正是霜降的清冷夜，晚上潮气侵人，明月寒光照城。诗人自己住在一家驿馆，寂静得能听到鸡鸣，自己的故乡在很远的地方，此时有一种背井离乡的惆怅之感。